# たし算 ①

JN106140

日

合かく
3こ

**1** 花だんにチューリップが 368 本植えてあります。さらに 17 本植えると，全部で何本になりますか。

（式）

[                    ]

**2** たかしさんはあめ玉を 187 こ持っていました。ちひろさんが 35 こくれました。たかしさんが持っているあめ玉は何こになりましたか。

（式）

[                    ]

**3** 286 円のコンパスと，188 円のノートと，55 円の消しゴムがあります。

**1** コンパスとノートを買うと，合わせて何円ですか。

（式）

[                    ]

**2** ノートと消しゴムを買うと，合わせて何円ですか。

（式）

[                    ]

答えは71ページ

**1** かおりさんは 1862 円のアップルパイと 483 円のケーキを買います。代金（だいきん）はいくらですか。
（式）（しき）

計算ミスに
注意しよう。

[　　　　　　　]

**2** 北町の人口は 5659 人で，南町の人口は 4267 人です。合計で何人ですか。
（式）

[　　　　　　　]

**3** きのうの水族館（すいぞくかん）の入場者数（にゅうじょうしゃすう）は，4689 人でした。今日は，きのうより 1823 人多かったそうです。きのうと今日の入場者は合わせて何人になりますか。
（式）

[　　　　　　　]

答えは71ページ ☞

# ひき算 ①

**1** 家から公園までは 635 m，家から図書館までは 84 mあります。家から見て，図書館は公園より何m近いですか。

(式)

[　　　　　]

**2** ひろきさんは 851 円，りおさんは 485 円持っています。ひろきさんは，りおさんより何円多く持っていますか。

(式)

[　　　　　]

**3** しおりさんは 304 ページの本を読んでいます。きのうまでに 156 ページ読みました。あと何ページのこっていますか。

(式)

[　　　　　]

**1** 東地区の人口は西地区より 843 人多く，2468
人だそうです。西地区の人口は何人ですか。
（式）

[　　　　　　　]

**2** 4360円のサッカーシューズを買い，5000円さ
つを出しました。おつりはいくらですか。
（式）

[　　　　　　　]

**3** ある数に 2453 をたすと 6271 になります。
**①** ある数はいくつですか。
（式）

[　　　　　　　]

**②** このある数から 1697 をひくといくつになります
か。
（式）

[　　　　　　　]

答えは71ページ ☞

# まとめテスト ①

**1** 385g のりんごと，78g のレモンがあります。合わせて何 g になりますか。

（式）

[　　　　　　]

**2** プラモデルを安売りしていたので，984 円で買いました。はじめのねだんは 1350 円だったそうです。いくら安くなっていますか。

（式）

[　　　　　　]

**3** すべての 3 けたの数のうち，いちばん大きい数といちばん小さい数を考えます。

**❶** いちばん大きい数はいくつですか。

[　　　　　　]

**❷** いちばん大きい数からいちばん小さい数をひくといくつになりますか。

（式）

[　　　　　　]

## まとめテスト ②

月　　日

正かい
3こ中

こ／合かく **2**こ

**1** 運動ぐつを買って 8500 円はらうと，おつりが 325 円でした。運動ぐつのねだんは何円ですか。
(式)

[　　　　　　]

**2** 下の表は，3 年生が持っているおはじきの数を組ごとに表したものです。

| 1組 | 2組 | 3組 |
|---|---|---|
| 658こ | 489こ | 243こ |

❶ 1 組と 2 組が持っているおはじきのちがいは何こですか。
(式)

[　　　　　　]

❷ 3 年生の持っているおはじきは，合わせて何こですか。
(式)

[　　　　　　]

答えは71ページ ☞

# かけ算 ①

**1** 8×4 の答えの見つけ方を，しおりさんとたける さんは次のように考えました。□にあてはまる数 を書きましょう。

しおりさん：8×3=24 で，8×4 は 8×3 の答え より □ だけ大きいので，

8×4= □ +8=32

たけるさん：8×4 の答えは 4×8 の答えと同じな ので，

8×4=4× □ = □

**2** 次の□にあてはまる数を書きましょう。

❶ 6×4 は 6×3 よりも □ 大きい。

❷ 5×4 は 5×5 よりも □ 小さい。

❸ どんな数に 0 をかけても答えは □ です。

❹ 7×6 から 6×7 をひくと □ になります。

❺ 6×10 は □ になります。

答えは71ページ ☞

# かけ算 ②

**1** シールを 21 まいずつ 4 人に配ります。シールは全部で何まいいりますか。

（式）

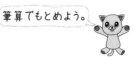

筆算でもとめよう。

[　　　　　]

**2** プリンを 7 こ買いました。プリン 1 この重さは 75g です。全部で何 g になりますか。

（式）

[　　　　　]

**3** お楽しみ会を開くので, 1 人 300 円ずつ集めます。さんかする人が 8 人のとき, 全部で何円集まりますか。

（式）

[　　　　　]

答えは71ページ

# かけ算 ③

**1** １つ 432 円のケーキがあります。8 こ買うと何円になりますか。

（式）

［　　　　　　　　］

**2** １本 80 円のジュースが 4 ダースあります。

❶ ジュースは全部で何本ありますか。

（式）

［　　　　　　　　］

❷ ジュースを全部買うと何円になりますか。

（式）

［　　　　　　　　］

**3** あゆみさんは，毎日 18 問の計算問題をしています。4 週間つづけました。全部で何問しましたか。

（式）

［　　　　　　］

答えは72ページ ☞

# わり算 ①

**1** 21mのリボンがあります。3mずつに切ると，何本になりますか。

（式）

[　　　　　　　]

**2** キャラメルが18こあります。

**①** 1人に3こずつ分けると，何人に分けられますか。

（式）

[　　　　　　　]

**②** 9人に分けると，1人何こになりますか。

（式）

[　　　　　　　]

**3** 56この漢字があります。毎日同じ数ずつ練習するとして，1週間で練習し終わるには，1日何こずつ練習すればよいですか。

（式）

[　　　　　　　]

# わり算 ②

**1** 同じ重さのはり金 8 本の重さをはかると，40g ありました。1 本のはり金の重さは何 g ですか。
（式）

[　　　　　　　]

**2** 63 このクッキーを，りくさん，そらさん，うみ さんの 3 人で分けます。1 人分は何こになりますか。
（式）

[　　　　　　　]

**3** 26 まいの色紙を 1 人 2 まいずつ配りました。全 部配り終わりましたが，色紙をもらえなかった人 が，まだ 8 人いました。みんなで何人いますか。
（式）

[　　　　　　　]

　　　答えは72ページ ☞

# あまりのあるわり算 ①

**1** いちごが 20 こあります。このいちごを 6 人で同じ数ずつ分けます。

**❶** 1 人分は何こになって，何こあまりますか。
（式）

[　　　　　　　　　　　　　　　]

**❷** あまりが出ないように 6 人で等しく分けるには，いちごが少なくともあと何こあればいいですか。
（式）

[　　　　　　]

**2** けんたさんは，シールを 39 まい持っています。6 まいずつふうとうに入れると，6 まい入りのふうとうはいくつできて，シールは何まいあまりますか。
（式）

[　　　　　　]

# あまりのあるわり算 ②

**1** みかんが 34 こあります。みかんが 5 こ入るふくろがあるとき，全部(ぜんぶ)のみかんを入れるには，ふくろはいくつあればよいですか。

（式(しき)）

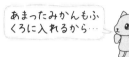

あまったみかんもふくろに入れるから…

[　　　　　]

**2** 37 人の子どもが，遊園地(ゆうえんち)に行きました。1 台に 4 人まで乗(の)れる乗り物(もの)に乗ります。みんなが乗り物に乗るには，乗り物は何台いりますか。

（式）

[　　　　　]

**3** 48cm のリボンがあります。7cm ずつに切っていきます。あまりもふくめて，全部で何本のリボンができますか。

（式）

[　　　　　]

答えは72ページ ☞

# あまりのあるわり算 ③

**1** えん筆が 38 本あります。5 本ずつたばにします。たばはいくつできますか。

（式）

[　　　　　　]

**2** あめが 29 こあります。I 日に 3 こずつあめを食べるとすると，3 こ食べられる日は何日ありますか。

（式）

[　　　　　　]

**3** はばが 34cm の場所に，長さ 6cm のクレヨンを I 列にならべます。

**❶** クレヨンは，何本ならべることができますか。

（式）

[　　　　　　]

**❷** ❶と同じ数のクレヨンを，クレヨンとクレヨンの間をあけてならべました。間の長さを同じにしたら，ちょうどはしからはしまでクレヨンがならびました。このとき，間の長さは何 cm になりますか。

（式）

[　　　　　　]

答えは72ページ ☞

# まとめテスト ③

**1** ひとみさんは，毎日漢字を 25 こずつ練習します。
8 日間では何こ練習できますか。

（式）

[ 　　　　　 ]

**2** ドーナツが 26 こあります。1 ふくろに 3 こずつ
入れると，何ふくろできて，何こあまりますか。

（式）

[ 　　　　　 ]

**3** れきしの本が 12 さつあります。どの本も 72 ペー
ジずつあります。全部で何ページありますか。

（式）

[ 　　　　　 ]

**4** えん筆が 5 ダースあります。7 人で等しく分けると，
1 人分は何本になって，何本あまりますか。

（式）

[ 　　　　　 ]

答えは72ページ ☞

# まとめテスト ④

**1** 1000円持ってスーパーに行き，1こ98円のり
んごを買います。

**❶** 8こ買うと，おつりはいくらになりますか。
（式）

[ 　　　　　 ]

**❷** 15こ買うには，あといくらいりますか。
（式）

[ 　　　　　 ]

**2** 64ページの本を，1日9ページずつ読んでいくと，
何日で読み終わりますか。
（式）

[ 　　　　　 ]

**3** ある数を8でわったら答えが6あまり5になり
ました。ある数を答えましょう。
（式）

[ 　　　　　 ]

答えは72ページ

## 時こくと時間 ①

**1** 公園を 9 時 30 分に出発して, 10 分後に市みん
プールに着きました。着いた時こくは何時何分で
すか。

[　　　　　　　　　]

**2** 7 時 50 分に家を出発して, 20 分後に学校に着
きました。学校に着いたのは, 何時何分ですか。

[　　　　　　　　　]

**3** 家から遊園地まで 25 分かかります。8 時 45 分
に家を出発すると, 遊園地には何時何分に着きま
すか。

[　　　　　　　　　]

答えは73ページ ☞

# 時こくと時間 ②

**1** えりさんは，自転車でとなり町まで，家を出てから30分で行きました。となり町に着いた時こくは，10時45分でした。えりさんが家を出た時こくは何時何分ですか。

[　　　　　　　　　　]

**2** 学校を出発して20分で駅に着きました。駅に着いた時こくは10時10分です。学校を出発したのは何時何分ですか。

[　　　　　　　　　　]

**3** 1時間目の前に全校朝礼が15分ありました。そのあと1時間目が始まり，45分で終わりました。1時間目が終わった時こくは9時30分でした。全校朝礼は何時何分に始まりましたか。

[　　　　　　　　　　]

答えは73ページ ☞

# 時こくと時間 ③

**1** 駅を 9 時 50 分に出て，北山のちょう上に 10 時 40 分に着きました。駅から北山のちょう上までかかった時間は何分ですか。

[　　　　　　]

**2** としゆきさんは午後 5 時 20 分から午後 6 時 40 分まで本を読みました。本を読んでいたのは何時間何分ですか。

[　　　　　　]

**3** 次の時間を答えましょう。

❶ 午後 3 時 20 分から午後 5 時 10 分まで

[　　　　　　]

❷ 午前 11 時 20 分から午後 2 時 30 分まで

[　　　　　　]

答えは73ページ☞

**1** ゆいさんは図書館を 10 時 40 分に出発して，1 時間 15 分後に遊園地に着きました。遊園地に着いたのは何時何分ですか。

[　　　　　　　　　]

**2** ひなたさんの家からおばあさんの家まで 2 時間 20 分かかります。ひなたさんは，午後 3 時 10 分に家を出発しておばあさんの家に向かいました。おばあさんの家に着くのは，午後何時何分ですか。

[　　　　　　　　　]

**3** ひろとさんは，算数の勉強を 1 時間 20 分，国語の勉強を 1 時間 50 分しました。合わせて何時間何分勉強しましたか。

[　　　　　　　　　]

答えは73ページ ☞

# 大きい数 ①

**1** 次の□にあてはまる数を書きましょう。

❶ 75400 は, 1万を □ こ, 1000 を □ こ,

100 を □ こ合わせた数です。

❷ 1万を3こ, 1000を5こ, 10を6こ合わせ

た数は □ です。

1万より大きい数の
しくみを学ぼう。

**2** 次の数の読み方を漢字で答えましょう。

❶ 58030

[　　　　　　　　　　　]

❷ 60507

[　　　　　　　　　　　]

**3** 次の数を数字で書きましょう。

❶ 三万五千二十四

[　　　　　　]

❷ 八万五百七十

[　　　　　　]

答えは73ページ ☞

# 大きい数 ②

**1** 次の□にあてはまる数を書きましょう。

❶ 61282300 は，1000万を □ こ，100万を

□ こ，10万を □ こ，1万を □ こ，1000

を □ こ，100 を □ こ合わせた数です。

❷ 1000万を3こ，100万を5こ，10万を6こ，

1000を4こ合わせた数は □ です。

**2** 次の数の読み方を漢字で答えましょう。

❶ 26801000

[　　　　　　　　　　　　　　]

❷ 60708020

[　　　　　　　　　　　　　　]

**3** 次の数を数字で書きましょう。

❶ 二千六百一万四千

[　　　　　　　　　]

❷ 五千八十万三百

[　　　　　　　　　]

# 大きい数 ③

**1** 下の数直線を見て，㋐，㋑，㋒のめもりが表す数を書きましょう。

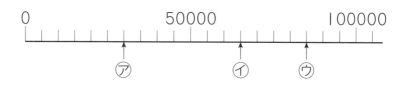

㋐ [　　　　　] ㋑ [　　　　　] ㋒ [　　　　　]

**2** 下の数直線を見て，㋐，㋑，㋒のめもりが表す数を書きましょう。

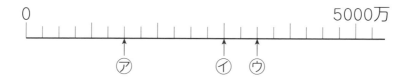

㋐ [　　　　　] ㋑ [　　　　　] ㋒ [　　　　　]

**3** 26084 を 10 倍，100 倍，1000 倍すると，どんな数になりますか。数字で答えましょう。

10倍 [　　　　　] 100倍 [　　　　　]

1000倍 [　　　　　]

答えは73ページ ☞

# 大きい数 ④

**1** 次の数を 10 でわった数を書きましょう。

❶ 380

❷ 400万

[　　　　　　]　　　　　[　　　　　　]

**2** 次の□にあてはまる不等号を書きましょう。

❶ 64300 □ 64800

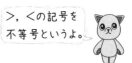

>, <の記号を
不等号というよ。

❷ 47082300 □ 47082030

**3** 次の 3 つの数を，小さいじゅんにならべましょう。

❶ 56400　　　54600　　　58400

[　　　　　　　　　　　　　　　　　　　]

❷ 48095100　　48194000　　48085000

[　　　　　　　　　　　　　　　　　　　]

答えは73ページ ☞

# まとめテスト ⑤

**1** こうきさんは，3時40分に学校を出発して，15分後に家に着き，すぐに図書館へ行きました。図書館に着いたのは，5時10分でした。

❶ 家に着いたのは，何時何分ですか。

[　　　　　　　　　]

❷ 家から図書館まで，何時間何分かかっていますか。

[　　　　　　　　　]

**2** あゆみさんは9時25分発の電車に乗って水族館へ行きました。電車に乗っていた時間は35分で，おりた駅から水族館までは15分歩きました。水族館に着いたのは，何時何分ですか。

[　　　　　　　　　]

答えは74ページ ☞

## まとめテスト ⑥

**1** 次の数の読み方を漢字で答えましょう。

❶ 8520460

[ 　　　　　　　　　　　　　　　　　 ]

❷ 49005800

[ 　　　　　　　　　　　　　　　　　 ]

**2** 次の数を数字で書きましょう。

❶ 五千十四万八千二十

[ 　　　　　　　　　　　 ]

❷ 七万三千五百六

[ 　　　　　　　　　　　 ]

**3** 次の3つの数を，小さいじゅんにならべましょう。

❶ 74620　　　76420　　　72460

[ 　　　　　　　　　　　　　　　　　 ]

❷ 6124900　　　6123900　　　6124700

[ 　　　　　　　　　　　　　　　　　 ]

答えは74ページ ☞

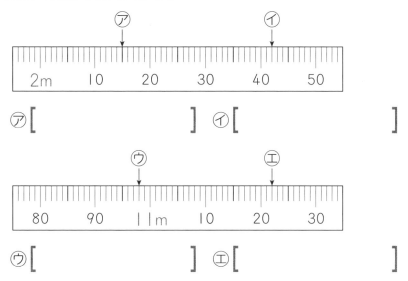

# 長 さ ①

**1** 次のまきじゃくで，㋐，㋑，㋒，㋓のめもりが表す長さを読みましょう。

㋐[　　　　　　　　　　]　㋑[　　　　　　　　　　]

㋒[　　　　　　　　　　]　㋓[　　　　　　　　　　]

**2** ㋐は10mのまきじゃく，㋑は1mのものさし，㋒は30cmのものさしとします。これらを使って，次の長さをはかります。㋐，㋑，㋒のどれを使えばよいか答えましょう。

❶ ノートの横はば　　　　　　　[　　　　　　　]

❷ 電柱のまわりの長さ　　　　　[　　　　　　　]

❸ つくえの高さ　　　　　　　　[　　　　　　　]

❹ コップの高さ　　　　　　　　[　　　　　　　]

答えは74ページ ☞

**1** 家からスーパーまでの道のりは 180m，家から銀行までの道のりは 200m，スーパーから学校までは 140m，銀行から学校までは 160 mです。

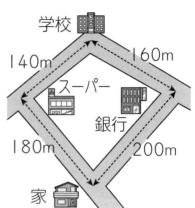

❶ 家からスーパーの前を通って，学校に行く道のりは何mになりますか。

（式）

[　　　　　　　　　]

❷ 家から銀行の前を通って，学校に行く道のりは何mになりますか。

（式）

[　　　　　　　　　]

❸ ❶と❷では，どちらの道のりが，何m長いですか。

（式）

[　　　　の前を通る方が　　　　　m 長い。]

**1** 次の□にあてはまる数を書きましょう。

❶　2km=□ m

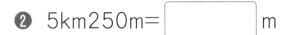
1kmは何mかな?

❷　5km250m=□ m

❸　4200m=□ km □ m

**2** 家から学校までの道のりは 2km600m，学校から市みんプールまでの道のりは 4km700m です。家から学校の前を通って市みんプールまで行くとき，道のりは合わせて何 km 何 m ですか。

[　　　　　　]

**3** まさとさんは，家から自転車で 3km400m 進みました。あと 1km800m で図書館に着きます。家から図書館までの道のりは何 km 何 m ですか。

[　　　　　　]

# 重 さ ①

**1** 320g のバターと 150g のパンを買いました。合わせて何 g になりますか。

[　　　　　]

**2** お米を 280g の入れ物に入れて重さをはかったら，840g でした。お米は何 g ありますか。

[　　　　　]

**3** 1 こ 70g のたまご 5 こをかごに入れました。重さは全部で，500g になりました。

❶ たまごだけの重さは，何 g ですか。

[　　　　]

❷ かごの重さは何 g ですか。

[　　　　]

**1** 重さ 300g のかごにバナナを 750g 入れました。全部(ぜんぶ)の重さは何 kg 何 g ですか。

[　　　　　　　　]

**2** まさるさんの体重(たいじゅう)は 25kg500g，しずるさんの体重は 32kg300g です。

❶ 2 人の体重は合わせて何 kg 何 g ですか。

[　　　　　　　　]

❷ しずるさんはまさるさんより何 kg 何 g 重いですか。

[　　　　　　　　]

**3** 1 ふくろ 180g のしおが 5 ふくろ，箱(はこ)の中に入っています。全部の重さは 1kg100g でした。箱だけの重さは何 g ですか。

[　　　　　　　　]

答えは74ページ ☞

# 重さ ③

**1** 次の□にあてはまる数を書きましょう。

❶ 3kg540g=□g

❷ 6200g=□kg□g

❸ 2t=□kg

❹ 4520kg=□t□kg

**2** 市の動物園の親のゾウの体重は 6t400kg，子どものゾウの体重は 1t200kg です。合わせて何 t 何 kg ですか。

[　　　　　　　　]

**3** 重さが 2t のトラックが 6 台，5t のトレーラーが 3 台，かもつ船で運ばれています。トラックとトレーラーは合わせて何 t ですか。

[　　　　　　　　]

答えは74ページ ☞

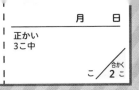

**1** 右の図で，家からプールまで
の道のりは 1km800m，学
校からプールまでの道のりは
950m です。家から図書館
までの道のりは家から学校ま
での道のりの2倍です。

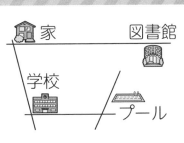

家　　　　　図書館

学校

プール

❶ 家から学校までの道のりは何 m ですか。

[　　　　　　　]

❷ 家から図書館までの道のりは何 km 何 m ですか。

[　　　　　　　]

❸ 図書館から家の前を通ってプールに行く道のりは，
合わせて何 km 何 m ですか。

[　　　　　　　]

答えは75ページ ☞

# まとめテスト ⑧

**1** 重さが 680g のじてんと重さが 980g の図かんがあります。合わせて何 kg 何 g ですか。

[　　　　　　　　　]

**2** チョコレート | まいの重さをはかったら，58g でした。これと同じ重さのチョコレート 30 まいの重さは何 kg 何 g ですか。

[　　　　　　　　　]

**3** |t200kg の自動車 6 台が大がたトレーラーにのせられています。合わせて |4t500kg でした。大がたトレーラーの重さは何 t 何 kg ですか。

[　　　　　　　　　]

答えは75ページ ☞

# 円と球 ①

**1** コンパスを使って,
半径2cmの円を
かきましょう。

右のあいている
ところにかこう。

**2** 半径6cmの円が, 右の図の
ように, 正方形の中にぴった
りと入っています。この正方
形のまわりの長さは何cmで
すか。

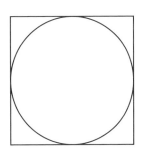

[　　　　　　]

**3** 右の図の円の半径はどれも
4cmです。それぞれの円の
中心を図のようにむすんで
できた正方形のまわりの長
さは何cmですか。

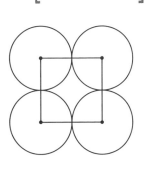

[　　　　　　]

答えは75ページ ☞

# 円と球 ②

月　日

正かい
3こ中

こ／合かく
2 こ

**1** コンパスを使って，次のようなもようをかきましょう。

❶

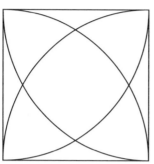

❷

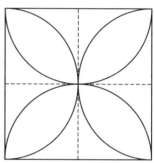

**2** 右の図のように，ボールがきちんと箱の中に入っています。ボールの半径は何cmですか。

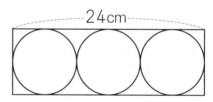

24cm

[　　　　　]

答えは75ページ ☞

月　　　日

正かい
3こ中

こ ／ 合かく
2こ

**1** 右の図のように，小さい円と大きい円を組み合わせてもようをかきました。小さい円の半径は4cm です。大きい円の直径は何cm ですか。

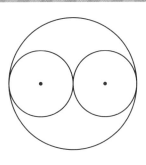

[　　　　　]

**2** 右の図のように，球をちょうど半分に切りました。切り口はどんな形になりますか。

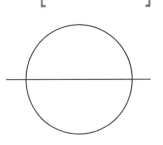

[　　　　　]

**3** 右の図のように，まるいつつの中に，直径6cm のボールが入っています。これと同じ大きさのボールは，このつつに合わせて何こ入りますか。

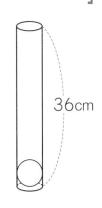

36cm

[　　　　　]

答えは75ページ ☞

# 三角形と角 ①

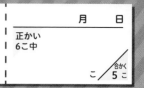
**1** 次の□にあてはまることばを書きましょう。

❶ 2つの辺の長さが等しい三角形を

　　　　　　　　　三角形といいます。

❷ 3つの辺の長さが等しい三角形を

　　　　　　　　　三角形といいます。

**2** 下の三角形で, ㋐と同じ大きさの角を答えましょう。

❶

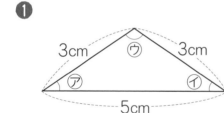

3cm　㋒　3cm
㋐　　　　　㋑
5cm

[　　　　　　]

❷

㋒
4cm　　　4cm
㋐　　　　㋑
4cm

[　　　　　　]

**3** 右の図のように, 半径5cm の円とその中心を使って 三角形㋐と㋑をかきました。 ㋐と㋑の三角形の名まえを 答えましょう。

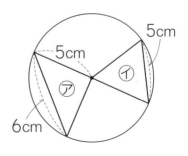

5cm
5cm
㋑
㋐
6cm

㋐ [　　　　　　]　㋑ [　　　　　　]

答えは75ページ ☞

# 三角形と角 ②

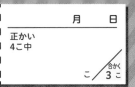
**1** コンパスを使って，次の三角形をかきましょう。

❶ 辺の長さが 3cm，4cm，
4cm の二等辺三角形

❷ 1 辺の長さが 3cm の
正三角形

**2** 下の半径 2cm の円を使って，次の三角形をかきましょう。

❶ 辺の長さが 2cm，2cm，
3cm の二等辺三角形

❷ 1 辺の長さが 2cm の
正三角形

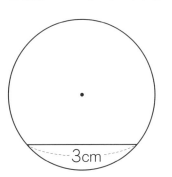

3cm

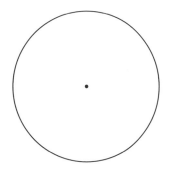

# 三角形と角 ③

**1** 次の□にあてはまる数を書きましょう。

① 二等辺三角形は □ つの角の大きさが同じです。

② 正三角形は □ つの角の大きさが同じです。

**2** 次の㋐～㋓の角を大きいじゅんにならべましょう。

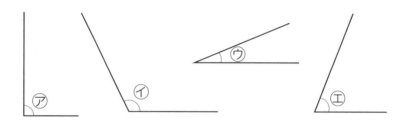

[　　　　　　　　　　　]

**3** 下の図は１組の三角じょうぎです。㋐，㋑，㋒，㋓，㋔，㋕の６つの角があります。角の大きさが同じになっている組を，すべて書きましょう。

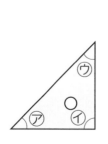
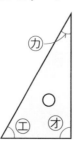

三角じょうぎの角をうつしとって調べよう。

[　　　　　　　　　　　]

答えは76ページ ☞

# まとめテスト ⑨

**1** 右の図のように，半径 4cm の円が 4 つ，正方形の中にぴったりと入っています。正方形の 1 辺の長さは，何 cm ですか。

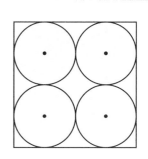

[　　　　　]

**2** コンパスを使って，下のようなもようをかきましょう。

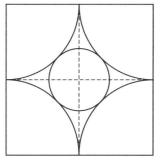
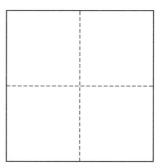

**3** 右の図のように，直径 5cm のボールが 9 こ，箱の中にぴったりと入っています。箱のまわりの長さは何 cm ですか。

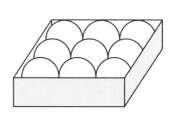

[　　　　　]

# まとめテスト ⑩

月　　日
正かい
5こ中
こ ／ 合かく 4 こ

**1** 辺の長さが 4cm，
4cm，5cm の三角
形をかきましょう。

**2** 次のように，同じ半径の 2 つの円を使ってかいた
三角形の名前を答えましょう。

❶ 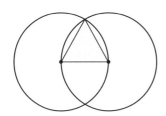　　　❷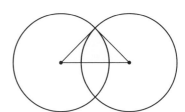

[　　　　　　　　　]　[　　　　　　　　　　]

**3** 下の図は三角じょうぎです。㋐，㋑，㋒，㋓，㋔，
㋕の 6 つの角があります。いちばん小さい角と，
いちばん大きい角をすべて答えましょう。

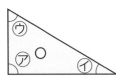　

いちばん
小さい角 [　　　　　　　]

いちばん
大きい角 [　　　　　　　]

# □を使った式 ①

**1** 計算問題が50問あります。まだ，やっていない問題が12問あります。

❶ 終わった問題数を□問として，たし算の式に表しましょう。

[　　　　　　　　　　　　　　]

❷ 終わった問題数を答えましょう。

[　　　　　　　　　　　　　　]

**2** 全部で130この漢字の書き取りをしています。今日までに何こか書き取りをしたので，あと67このこっています。

❶ 今日までに書き取りをした数を□ことして，ひき算の式に表しましょう。

[　　　　　　　　　　　　　　]

❷ 今日までに書き取りをした数を答えましょう。

[　　　　　　　　　　　]

答えは76ページ ☞

□を使った式 ②

**1** みかんが何こかありました。今日までに 26 こ食べたので，のこりは 18 こになりました。

❶ はじめにあったみかんの数を□ことして，ひき算の式に表しましょう。

[　　　　　　　　　　　　　]

❷ みかんは，はじめ何こありましたか。

[　　　　　　　　　]

**2** 全部で 288 ページある本を読んでいます。今日は 26 ページ読みました。のこりは 164 ページです。

❶ きのうまでに読んでいたページ数を□ページとして，たし算の式に表しましょう。

[　　　　　　　　　　　　　]

❷ きのうまでに読んでいたページ数を答えましょう。

[　　　　　　　　]

答えは76ページ ☞

# □を使った式 ③

**1** 消しゴムを 4 こ買うと，代金は 220 円でした。

❶ 消しゴム | このねだんを□円として，かけ算の式に表しましょう。

[　　　　　　　　　　　]

❷ 消しゴム | このねだんを答えましょう。

[　　　　　　　]

**2** | 箱に 7 こ入りのクッキーを何箱か買ったら，クッキーは全部で 70 こありました。

❶ 買ったクッキーの箱の数を□箱として，かけ算の式に表しましょう。

[　　　　　　　　　　　]

❷ 箱の数を答えましょう。

[　　　　　　]

答えは76ページ ☞

# □を使った式 ④

**1** リボンを 16cm ずつ切っていったら，ちょうど 28 本とれました。

**❶** リボン全体の長さを□ cm として，わり算の式に表しましょう。

[　　　　　　　　　　　　　　　]

**❷** リボン全体の長さは何 m 何 cm ありますか。

[　　　　　　　　　　]

**2** 2000 円持ってケーキを買いに行きました。1 こ 400 円のチョコレートケーキを 3 こと，1 こ 200 円のシュークリームを何こか買うと，代金はちょうど 2000 円になりました。

**❶** 2000 円からケーキ 3 こ分の代金をひくと何円になりますか。

(式)

[　　　　　　　　]

**❷** シュークリームのこ数を□ことしてかけ算の式に表し，何こか答えましょう。

(式)

[　　　　　　　　]

答えは76ページ ☞

# 表とグラフ ①

**1** ３年生でどんな本がすきかを調べました。

| すいり | れきし | でん記 | すいり | れきし |
|---|---|---|---|---|
| 物　語 | れきし | すいり | 物　語 | 物　語 |
| でん記 | 図かん | すいり | れきし | 物　語 |
| 物　語 | 物　語 | でん記 | すいり | 物　語 |

空らんにあてはまる数を書きましょう。

| しゅるい | 物　　語 | すいり | れきし | でん記 | 図かん |
|---|---|---|---|---|---|
| 人数(人) | ⑦ | ⑦ | ⑦ | ⑤ | ⑦ |

**2** 下の表は，３年生が 10 月，11 月，12 月にけが
をしたしゅるいと人数を調べたものです。空らん
にあてはまる数を書きましょう。

| しゅるい ＼ 月 | 10 月 | 11 月 | 12 月 | 合　計 |
|---|---|---|---|---|
| すりきず | 14 | 18 | ⑦ | 41 |
| 切りきず | ⑦ | 12 | 8 | 31 |
| 打ぼく | 6 | ⑦ | 9 | 20 |
| その他 | ⑤ | 0 | 2 | ⑦ |
| 合　計 | 32 | ⑦ | 28 | 95 |

答えは77ページ☞

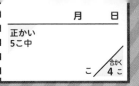

# 表とグラフ ②

**1** 右のぼうグラフは，るかさん，ゆみさん，れいさんの３人が図書館からかりた本の数を表したものです。

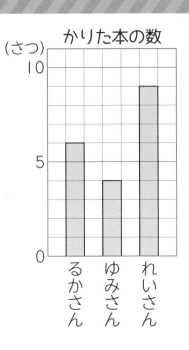

かりた本の数

① それぞれの人のかりた本の数を答えましょう。

るかさん [　　　　]

ゆみさん [　　　　]

れいさん [　　　　]

② いちばん多くかりた人はだれですか。

[　　　　　　　]

③ ３人がかりた本の数は合わせて何さつですか。

[　　　　]

答えは77ページ ☞

# 表と<ruby>表<rt>ひょう</rt></ruby>グラフ ③

**1** 下の表は，3年1組ですきなスポーツを<ruby>調<rt>しら</rt></ruby>べたものです。この表をぼうグラフに<ruby>表<rt>あらわ</rt></ruby>しましょう。

すきなスポーツ

| スポーツ | 人数<br>(人) |
|---|---|
| サッカー | 12 |
| <ruby>野<rt>や</rt></ruby>　<ruby>球<rt>きゅう</rt></ruby> | 10 |
| バスケット<br>ボール | 6 |
| ラグビー | 4 |

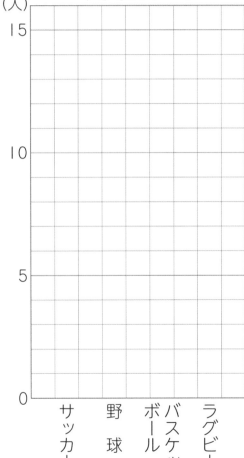

ぼうグラフに表すと，
どれがいちばん多いか
一目でわかるよ。

答えは77ページ ☞

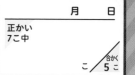

## LESSON 50

# 表とグラフ ④

月　　日

正かい
7こ中

こ／5こ 合かく

1　下の表は，まことさんのテストの科目ごとの点数を表したものです。

❶ ぼうグラフのたての□に，目もりの数を書きましょう。

❷ この表をぼうグラフに表しましょう。

テストの点数

| 科　　目 | 点数 (点) |
|---|---|
| 国　語 | 85 |
| 算　数 | 95 |
| 理　科 | 80 |
| 社　会 | 75 |

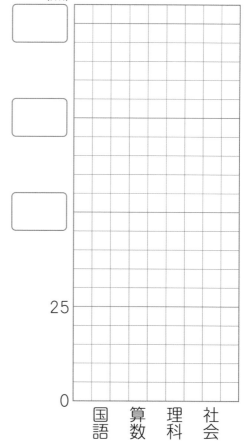

(点)　　テストの点数

25

0

国語　算数　理科　社会

答えは77ページ ☞

# まとめテスト ⑪

**1** ゆうさんが 380 円の本を買ったら，のこりのお金は 520 円でした。ゆうさんがはじめに持っていたお金は何円ですか。□を使ったひき算の式に表してもとめましょう。

（式）

[　　　　　　　]

**2** 60 このあめを 6 こずつふくろに入れたら，12 こあまりました。

**❶** ふくろにつめたあめは何こですか。

（式）

[　　　　　　　]

**❷** ふくろはいくつありますか。□を使ったかけ算の式に表してもとめましょう。

（式）

[　　　　　　　]

答えは77ページ☞

# まとめテスト ⑫

**1** 右下の表は，3年生がけがをした場所を組べつに調べたものです。

❶ 空らんにあてはまる数を書きましょう。

| 場所＼組 | 1組 | 2組 | 合　計 |
|---|---|---|---|
| 運動場 | 7 | 6 | ㋐ |
| ろうか | ㋑ | 5 | 8 |
| かいだん | 6 | ㋒ | 10 |
| 教　室 | ㋓ | 0 | 2 |
| 合　計 | 18 | ㋔ | 33 |

❷ 右上の表をぼうグラフに表しましょう。

けがをした場所（1組，2組）

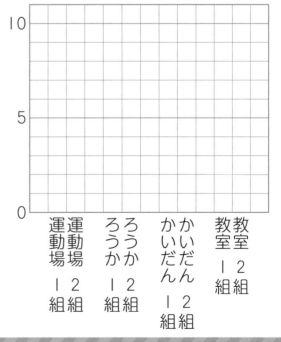

# 小 数 ①

月　　　日
正かい
9こ中
こ／合かく **7** こ

**1** 3.7 について，次の問いに答えましょう。

**❶** 3.7 は 1 を何こと 0.1 を何こ合わせた数ですか。

1 [　　　　　　]，0.1 [　　　　　　]

**❷** 3.7 は 0.1 を何こ集めた数ですか。

[　　　　　　]

**2** 下の数直線で，㋐，㋑，㋒にあたる数を答えましょう。

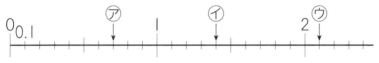

㋐ [　　　　　] ㋑ [　　　　　] ㋒ [　　　　　]

**3** 下の数直線に，㋐ 0.4，㋑ 1.7，㋒ 2.3 を↓で表しましょう。

答えは78ページ ☞

# 小 数 ②

**1** 次の□にあてはまる数を書きましょう。

❶ 4mm = [　　　] cm

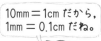

10mm＝1cm だから、
1mm＝0.1cm だね。

❷ 30cm = [　　　] m

❸ 4200m = [　　　] km

❹ 900mL = [　　　] L

❺ 6dL = [　　　] L

**2** 次の□にあてはまる等号，不等号を書きましょう。

❶ 2.5 [　] 2.8 　　　　❷ 0.9 [　] 0.7

❸ 0.3 [　] $\frac{3}{10}$ 　　　　❹ $\frac{8}{10}$ [　] 1.2

**3** 次の数を小さいじゅんにならべましょう。

1.1 　　 $\frac{10}{10}$ 　　 0 　　 0.8

[　　　　　　　　　　　　　　　]

答えは78ページ ☞

**1** ジュースが大きいびんに 0.9L，小さいびんに 0.4L 入っています。

**❶** 合わせて何 L になりますか。
（式）

[　　　　　]

**❷** ちがいは何 L になりますか。
（式）

[　　　　　]

**2** さとうを 0.8kg 使ったので，のこっているさとうは 1.2kg になりました。はじめは何 kg ありましたか。
（式）

[　　　　　]

**3** ロープが 5.2m あります。何 m か使って，まだ 3.8m のこっています。使ったロープは何 m ですか。
（式）

[　　　　　]

答えは78ページ

**1** 家から図書館まで6km あります。また，家から
プールまでは 4.7km あります。ちがいは何 km
ですか。
（式）

[　　　　　]

**2** 先週，お米4.3kg を0.7kgの入れ物に入れました。
**❶** 合わせて何 kg ですか。
（式）

[　　　　　]

**❷** 今日，入れ物に入れたまま重さをはかると 3.8kg
でした。今日までにお米を何 kg 使いましたか。
（式）

[　　　　　]

**3** あつさが 3cm の本と 16mm の本があります。ち
がいは何 cm ですか。
（式）

[　　　　　]

# 分　数 ①

**1** 1m を 6 等分しました。次の長さは，何 m といえばよいですか。

❶ 1 こ分の長さ

[　　　　　　]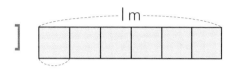

❷ 3 こ分の長さ

[　　　　　　]

**2** 下の数直線で，㋐，㋑，㋒にあたる分数を書きましょう。

㋐[　　　　　　] ㋑[　　　　　　] ㋒[　　　　　　]

**3** 次の分数を↓で数直線に表しましょう。

❶ $\frac{3}{5}$

❷ $\frac{7}{9}$

答えは78ページ ☞

## 分　数 ②

**1** 次の長さは $\frac{1}{9}$ m の何こ分ですか。

❶ $\frac{3}{9}$ m ［　　　　　　］　❷ $\frac{6}{9}$ m ［　　　　　　　］

❸ $\frac{9}{9}$ m ［　　　　　　］

**2** 次の□にあてはまる等号，不等号を書きましょう。

❶ $\frac{1}{4}$ □ $\frac{3}{4}$　　　　❷ $\frac{9}{10}$ □ 1

❸ 1 □ $\frac{7}{7}$

**3** 次の数を小さいじゅんにならべましょう。

❶ $\frac{4}{8}$　　$\frac{2}{8}$　　$\frac{5}{8}$

［　　　　　　　　　　　］

❷ $\frac{3}{6}$　　1　　$\frac{5}{6}$

［　　　　　　　　　　　］

## 分数のたし算・ひき算 ①

**1** ジュースをたかしさんは $\frac{2}{7}$ L，ひろしさんは $\frac{4}{7}$ L 持っています。

**①** 合わせて何 L ですか。
（式）

[　　　　　　]

**②** ちがいは何 L ですか。
（式）

[　　　　　　]

**2** 重さ $\frac{1}{6}$ kg のかごにみかんを $\frac{5}{6}$ kg 入れました。全体の重さは何 kg になりましたか。
（式）

[　　　　　　]

**3** リボンが $\frac{7}{8}$ m ありました。何 m かを使ったら，のこりは $\frac{3}{8}$ m になりました。何 m 使いましたか。
（式）

[　　　　　　]

答えは78ページ☞

**1** 牛にゅうが 1L ありました。しょうさんは，きのう $\frac{3}{7}$ L 飲んで，今日 $\frac{2}{7}$ L 飲みました。のこりは何 L ですか。

(式)

[　　　　　　]

**2** ピザ 1 まいを 8 等分しました。8 等分したピザをみゆさんは 2 こ，えりさんは 1 こ食べました。

❶ 合わせてピザ全体のどれだけ食べましたか。分数で表しましょう。

(式)

[　　　　　　]

❷ さらに，まいさんが何こか食べたので，のこりはピザ全体の $\frac{2}{8}$ になりました。まいさんは，どれだけ食べましたか。分数で表しましょう。

(式)

[　　　　　　]

答えは79ページ ☞

# まとめテスト ⑬

**1** 次の □ にあてはまる数を書きましょう。

❶ 7dL = [　　　　] L

たんいとたんいの
かんけいはしっかり
おぼえておこう。

❷ 3800g = [　　　　] kg

**2** 牛にゅうが 1L ありました。きのう 4dL 飲んで，今日 0.3L 飲みました。のこりは，何 L ですか。

(式)

[　　　　　　]

**3** 0.8kg のリュックに，合わせて 2.5kg の荷物とおべん当を入れました。とちゅうでおべん当を食べたので，帰りのリュック全体の重さは 2.7kg になりました。食べてへった分の重さは何 kg ですか。

(式)

[　　　　　　]

答えは79ページ ☞

# まとめテスト ⑭

**1** 次の数を大きいじゅんにならべましょう。

❶ $\dfrac{5}{7}$　$\dfrac{2}{7}$　$\dfrac{6}{7}$　　　　[　　　　　　　]

❷ $\dfrac{5}{8}$　1　$\dfrac{3}{8}$　　　　[　　　　　　　]

**2** 赤いリボンが $\dfrac{4}{6}$ m, 白いリボンが $\dfrac{2}{6}$ m, 青いリボンが $\dfrac{5}{6}$ m あります。

❶ 青いリボンと赤いリボンの長さのちがいは何 m ですか。
(式)

[　　　　　　]

❷ いちばん長いリボンといちばん短いリボンの長さのちがいは何 m ですか。

(式)

[　　　　　　]

答えは79ページ ☞

# 図を使って考える問題 ①

**1** おしろのほりにそって，3m ごとに木が植えてあります。1本目から7本目まで歩くと，何m歩いたことになりますか。

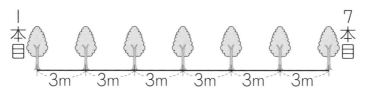

[　　　　　]

**2** 電柱が1列に25本あります。電柱と電柱の間は，それぞれ4mです。両はしの電柱の間は何mですか。ただし，電柱そのもののはばは考えないものとします。

[　　　　　]

**3** 12人のグループが，1列にならんで行進しています。みさきさんは前から3番目で，しずくさんは後ろから2番目です。この2人の間には何人いますか。

[　　　　　]

答えは79ページ

## 図を使って考える問題 ②

**1** まるい形をした池のまわりに，木が6mごとに，12本立っています。この池のまわり1しゅうは何mですか。

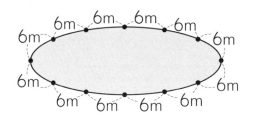

間の数はいくつになるかな?

[　　　　　　　]

**2** 運動場の1しゅう100mのトラックに，2mごとに3年生が立っています。1しゅうの間に何人立っていますか。

[　　　　　　　]

**3** 1しゅう80mの池のまわりに，同じ間かくで，木が10本立っています。木は何mごとに立っていますか。

[　　　　　　　]

答えは79ページ ☞

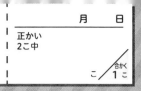
1 1m のものさしを 2 本使って，長つくえの長さを
はかったら，下の図のようになりました。長つく
えの長さは何 cm ですか。

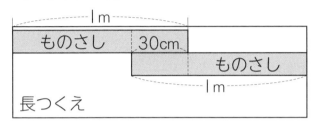

[　　　　　]

2 50cm のテープを 2 本つないで，テープ全体の長
さを 80cm にしようと思います。つなぎめの長さ
を何 cm にすればよいですか。

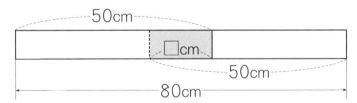

[　　　　　]

図を使って考える問題 ④

**1** 1本90cmのテープを3本つなぎます。つなぎめの長さはすべて10cmです。テープ全体の長さは何cmですか。

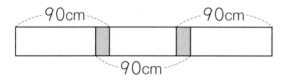

[　　　　　]

**2** 80cmのテープを5本つなぎます。つなぎめの長さはすべて同じにして，テープ全体の長さを360cmにしようと思います。

❶ つなぎめのこ数は何こですか。

[　　　　　]

❷ つなぎめ1この長さを何cmにすればよいですか。

[　　　　　]

答えは80ページ☞

# いろいろな問題 ①

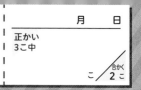

**1** お店で，60円のあめを5こ，90円のドーナツを5こ買います。何円はらえばよいですか。

❶ あめの代金とドーナツの代金をべつべつに計算すると合わせて何円になりますか。
（式）

[　　　　　]

❷ あめとドーナツ1こずつを組にして計算すると合わせて何円になりますか。
（式）

[　　　　]

**2** 1本50円のジュースを4本，1本60円の牛にゅうを4本買いました。合わせて何円になりますか。

[　　　]

答えは80ページ ☞

# いろいろな問題 ②

**1** ゼリーが１ふくろに３こ入って，90円で売られています。このゼリー7こ分の代金はいくらですか。

[　　　　　]

**2** １こ18円のあめが１つのふくろに４こ入って売られています。１ふくろ分のあめを２人で同じ金がくだけはらって買うとすると，１人何円になりますか。

[　　　　　]

**3** チョコレートが１ふくろに３こ入って，99円で売られています。このチョコレートを15こ分買って，1000円出しました。おつりは何円ですか。

[　　　　　]

# まとめテスト ⑮

**1** 公園の道にそって，7m ごとにがいとうがあります。3 本目から 8 本目まで歩くと，何 m 歩いたことになりますか。がいとうのはばは考えないものとします。

[　　　　　　]

**2** 60cm のひもを 2 本つないで，ひも全体（ぜんたい）の長さを 105cm にしたいと思います。つなぎめの長さを何 cm にすればよいですか。

[　　　　　　]

**3** 1 こ 100g のじゃがいも 7 こと，1 こ 35g のピーマン 7 こを買いました。合わせて何 g になりますか。

[　　　　　　]

答えは80ページ ☞

# まとめテスト ⑯

**1** 円形のサッカー場のまわりに，電とうが 30m ご
とに 14 本立っています。このサッカー場のまわ
りは 1 しゅう何 m ですか。

[　　　　　　]

**2** 70cm のテープを 5 本つなぎます。つなぎめの長
さはすべて 5cm です。テープ全体の長さは何 cm
ですか。

[　　　　　　]

**3** 本 1 さつのねだんは，えん筆 1 本のねだんの 10
倍で，660 円です。えん筆 8 本のねだんは何円
になりますか。

[　　　　　　]

答えは80ページ ☞

## ① たし算 ①　　　　　　1ページ

**1** （式）368＋17＝385　　385本

**2** （式）187＋35＝222　　222こ

**3** ❶（式）286＋188＝474

474円

❷（式）188＋55＝243　243円

## ② たし算 ②　　　　　　2ページ

**1** （式）1862＋483＝2345

2345円

**2** （式）5659＋4267＝9926

9926人

**3** （式）4689＋1823＝6512

4689＋6512＝11201

11201人

>>> 考え方 今日の入場者をもとめてから，合計を出します。

## ③ ひき算 ①　　　　　　3ページ

**1** （式）635－84＝551　　551m

**2** （式）851－485＝366　366円

**3** （式）304－156＝148

148ページ

## ④ ひき算 ②　　　　　　4ページ

**1** （式）2468－843＝1625

1625人

**2** （式）5000－4360＝640　640円

**3** ❶（式）6271－2453＝3818

3818

❷（式）3818－1697＝2121

2121

## ⑤ まとめテスト ①　　　　5ページ

**1** （式）385＋78＝463　　463g

**2** （式）1350－984＝366　366円

**3** ❶999

❷（式）999－100＝899　　899

## ⑥ まとめテスト ②　　　　6ページ

**1** （式）8500－325＝8175

8175円

**2** ❶（式）658－489＝169　169こ

❷（式）658＋489＋243＝1390

1390こ

## ⑦ かけ算 ①　　　　　　7ページ

**1** （じゅんに）8, 24, 8, 32

**2** ❶6　❷5　❸0　❹0　❺60

## ⑧ かけ算 ②　　　　　　8ページ

**1** （式）21×4＝84　　　84まい

**2** （式）75×7＝525　　　525g

**3** （式）300×8＝2400

2400円

⑨ **かけ算 ③**　　　　　　**9ページ**

1 （式）432×8=3456　　3456 円

2 ❶（式）12×4=48　　　　48 本

❷（式）80×48=3840　　3840 円

>>>考え方 ❶ 1 ダースは 12 本です。

3 （式）18×7×4=126×4=504

504 問

>>>考え方 1 週間は 7 日です。

⑩ **わり算 ①**　　　　　　**10ページ**

1 （式）21÷3=7　　　　　　7 本

2 ❶（式）18÷3=6　　　　　　6 人

❷（式）18÷9=2　　　　　　2 こ

3 （式）56÷7=8　　　　　　8 こ

⑪ **わり算 ②**　　　　　　**11ページ**

1 （式）40÷8=5　　　　　　5g

2 （式）63÷3=21　　　　　21 こ

3 （式）26÷2=13，13+8=21

21 人

⑫ **あまりのあるわり算 ①**　　**12ページ**

1 ❶（式）20÷6=3 あまり 2

1 人分は 3 こになって，2 こあまる。

❷（式）6−2=4　　　　　　4 こ

>>>考え方 ❷ 6 人に 1 こずつ分けるには，6 こいります。あまりが 2 こあるので，あといくつあればよいかもとめます。

2 （式）39÷6=6 あまり 3

ふうとうは 6 つできて，シールは 3 まいあまる。

⑬ **あまりのあるわり算 ②**　　**13ページ**

1 （式）34÷5=6 あまり 4

6+1=7　　　　　　　7 つ

2 （式）37÷4=9 あまり 1

9+1=10　　　　　　10 台

3 （式）48÷7=6 あまり 6

6+1=7　　　　　　　7 本

⑭ **あまりのあるわり算 ③**　　**14ページ**

1 （式）38÷5=7 あまり 3　7 たば

2 （式）29÷3=9 あまり 2　9 日

3 ❶（式）34÷6=5 あまり 4　5 本

❷（式）4÷4=1　　　　　1cm

>>>考え方 ❷ 5 本のクレヨンの間は 4 つあります。

⑮ **まとめテスト ③**　　　　**15ページ**

1 （式）25×8=200　　　　200 こ

2 （式）26÷3=8 あまり 2

8 ふくろできて，2 こあまる。

3 （式）72×12=864

864 ページ

4 （式）12×5=60

60÷7=8 あまり 4

1 人分は 8 本になって，4 本あまる。

⑯ **まとめテスト ④**　　　　**16ページ**

1 ❶（式）98×8=784

1000−784=216　　216 円

❷（式）98×15=1470

1470−1000=470　470 円

2 （式）64÷9=7 あまり 1

7+1=8　　　　　　　8 日

3 （式）8×6+5=48+5=53　53

>>>考え方 わる数×商+あまり=もとの数

## ⑰ 時こくと時間 ①　　17ページ

**1** 9時40分

**2** 8時10分

**》》考え方** 10分後が8時だから，20分後は8時10分です。

**3** 9時10分

**》》考え方** 遊園地に着くのは8時45分の25分後です。

## ⑱ 時こくと時間 ②　　18ページ

**1** 10時15分

**》》考え方** 出発したのは10時45分の30分前です。

**2** 9時50分

**》》考え方** 10時10分の10分前が10時だから，20分前は9時50分です。

**3** 8時30分

**》》考え方** 1時間目が始まったのは，9時30分の45分前で8時45分。8時45分の15分前は8時30分です。

## ⑲ 時こくと時間 ③　　19ページ

**1** 50分

**》》考え方** 9時50分から10時までが10分，10時から10時40分までが40分だから，10+40=50(分)

**2** 1時間20分

**3** ❶1時間50分　❷3時間10分

**》》考え方** ❶3時20分から4時までが40分，4時から5時までが1時間，5時から5時10分までが10分だから，
40分＋1時間＋10分＝1時間50分

## ⑳ 時こくと時間 ④　　20ページ

**1** 11時55分

**2** 午後5時30分

**3** 3時間10分

**》》考え方** 1時間20分＋1時間50分
＝2時間70分＝3時間10分

## ㉑ 大きい数 ①　　21ページ

**1** ❶(じゅんに) 7，5，4
❷35060

**2** ❶五万八千三十　❷六万五百七

**3** ❶35024　❷80570

## ㉒ 大きい数 ②　　22ページ

**1** ❶(じゅんに) 6，1，2，8，2，3
❷35604000

**2** ❶二千六百八十万千
❷六千七十万八千二十

**3** ❶26014000
❷50800300

## ㉓ 大きい数 ③　　23ページ

**1** ㋐30000　㋑65000
㋒85000

**2** ㋐1500万　㋑3000万
㋒3500万

**3** 10倍…260840
100倍…2608400
1000倍…26084000

## ㉔ 大きい数 ④　　24ページ

**1** ❶38　❷40万

**2** ❶<　❷>

**3** ❶54600，56400，58400
❷48085000，48095100，
48194000

㉕ **まとめテスト ⑤** 　　25ページ

❶ ❶ 3時55分

　❷ 1時間15分

❷ 10時15分

㉖ **まとめテスト ⑥** 　　26ページ

❶ ❶八百五十二万四百六十

　❷四千九百万五千八百

❷ ❶50148020 ❷73506

❸ ❶72460, 74620, 76420

　❷6123900, 6124700,

　 6124900

㉗ **長 さ ①** 　　27ページ

❶ ㋐2m15cm 　㋑2m42cm

　㋒10m98cm

　㋓11m22cm

❷ ❶㋒ 　❷㋐ 　❸㋑ 　❹㋒

㉘ **長 さ ②** 　　28ページ

❶ ❶(式)180+140=320

　　　　　　　　　320m

　❷(式)200+160=360

　　　　　　　　　360m

　❸(式)360−320=40

　　　銀行の前を通る方が40m長い。

㉙ **長 さ ③** 　　29ページ

❶ ❶2000 　❷5250

　❸4, 200

❷ 7km300m

≫考え方 2km600m+4km700m=7km300m

❸ 5km200m

≫考え方 3km400m+1km800m=5km200m

㉚ **重 さ ①** 　　30ページ

❶ 470g

≫考え方 320g+150g=470g

❷ 560g

≫考え方 840g−280g=560g

❸ ❶350g 　❷150g

≫考え方 ❶70g×5=350g

❷500g−350g=150g

㉛ **重 さ ②** 　　31ページ

❶ 1kg50g

≫考え方
300g+750g=1050g=1kg50g

❷ ❶57kg800g ❷6kg800g

≫考え方 ❶25kg500g+32kg300g
=57kg800g

❷32kg300g=31kg1300gと考えて，
31kg1300g−25kg500g=6kg800g

❸ 200g

≫考え方 180g×5=900g
1kg100g−900g=200g

㉜ **重 さ ③** 　　32ページ

❶ ❶3540 　❷6, 200

　❸2000 　❹4, 520

❷ 7t600kg

≫考え方 6t400kg+1t200kg=7t600kg

❸ 27t

≫考え方 2t×6=12t　5t×3=15t
12t+15t=27t

## ㉝ まとめテスト ⑦　　33ページ

**1** ❶ 850m　❷ 1km700m
❸ 3km500m

≫考え方 ❶ 1km800m−950m=850m
❷ 850m×2=1700m=1km700m
❸ 1km700m+1km800m=3km500m

## ㉞ まとめテスト ⑧　　34ページ

**1** 1kg660g

≫考え方 680g+980g=1660g=1kg660g

**2** 1kg740g

≫考え方 58g×30=1740g=1kg740g

**3** 7t300kg

≫考え方 1t200kg×6=7t200kg
14t500kg−7t200kg=7t300kg

## ㉟ 円と球 ①　　35ページ

**1**

2cm

**2** 48cm

≫考え方 半径 6cm なので，直径は 12cm
です。つまり，正方形の 1 辺が 12cm な
ので，12×4=48(cm)

**3** 32cm

≫考え方 半径が 2 つで正方形の 1 辺になっ
ているので，
4×2×4=8×4=32(cm)

## ㊱ 円と球 ②　　36ページ

**1** 図はしょうりゃく

≫考え方 ❶四すみにコンパスのはりをおい
て，円の一部を 4 つかきます。

❷それぞれの辺の真ん中の点にコンパスの
はりをおいて，円の一部を 4 つかきます。

**2** 4cm

≫考え方 ボール 3 つ分の直径で 24cm なの
で，1 つのボールの直径は，24÷3=8(cm)
ボールの半径は，8÷2=4(cm)

## ㊲ 円と球 ③　　37ページ

**1** 16cm

≫考え方 小さい円の直径 2 つ分で大きい
円の直径になっているので，
4×2×2=16(cm)

**2** 円

≫考え方 球はどこで切っても切り口は円で
す。

**3** 6こ

≫考え方 36÷6=6(こ)

## ㊳ 三角形と角 ①　　38ページ

**1** ❶二等辺　❷正

**2** ❶ ⑦

　　❷ ⑦，⑦

**3** ⑦二等辺三角形　⑦正三角形

## ㊴ 三角形と角 ②　　39ページ

**1** ❶
4cm　4cm
3cm

❷

3cm　3cm
3cm

≫考え方 ❶ 3cm の線をひき，その両は
しにコンパスのはりをおいて半径 4cm の
円をかき，その円の交わりと 3cm の線
のはしをむすびます。

❷ ❶と同じようにして，コンパスのひら
きを 3cm にしてかきます。

**答え**　　75

**2** **❶** **❷**（れい）

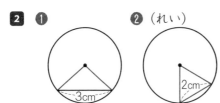

## ㊵ 三角形と角 ③　　40ページ

**1** **❶** 2　**❷** 3

**2** イ，ア，エ，ウ

**3** アとウ，イとオ

## ㊶ まとめテスト ⑨　　41ページ

**1** 16cm

**》考え方** 半径 4cm が 4 つ分で 1 つの辺
の長さになっているので，
4×4=16(cm)

**2** 図はしょうりゃく

**》考え方** 四すみにコンパスのはりをおいて
円の一部を 4 つかきます。次に正方形の
ななめの角どうしをむすんで，交わったと
ころ（正方形の真ん中）にコンパスのはり
をおき，ななめにひいた線と円の一部が交
わるところを通るように円をかきます。

**3** 60cm

**》考え方** 箱の 1 辺は 5cm の 3 つ分なので，
5×3=15(cm)
箱は 1 辺が 15cm の正方形だから，まわ
りの長さは，
15×4=60(cm)

## ㊷ まとめテスト ⑩　　42ページ

**1**

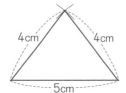

**2** **❶** 正三角形　**❷** 二等辺三角形

**3** いちばん小さい角…イ

　　いちばん大きい角…ア，オ

## ㊸ □を使った式 ①　　43ページ

**1** **❶** □＋12=50　**❷** 38 問

**》考え方** **❷** □=50−12=38(問)

**2** **❶** 130−□=67　**❷** 63 こ

**》考え方** **❷** □=130−67=63(こ)

## ㊹ □を使った式 ②　　44ページ

**1** **❶** □−26=18　**❷** 44 こ

**》考え方** **❷** □=26+18=44(こ)

**2** **❶** □＋26+164=288

　　**❷** 98 ページ

**》考え方** **❷** □=288−26−164
=288−190=98(ページ)

## ㊺ □を使った式 ③　　45ページ

**1** **❶** □×4=220　**❷** 55 円

**》考え方** **❷** □=220÷4=55(円)

**2** **❶** 7×□=70　**❷** 10 箱

**》考え方** **❷** □=70÷7=10(箱)

## ㊻ □を使った式 ④　　46ページ

**1** **❶** □÷16=28(□÷28=16)

　　**❷** 4m48cm

**》考え方** **❷** □=16×28=448(cm)

**2** **❶**(式)400×3=1200

　　　2000−1200=800　800 円

　　**❷**(式)200×□=800

　　　　□=800÷200=4　　4 こ

## ㊼ 表とグラフ ① 47ページ

**1** ㋐7　㋑5　㋒4　㋓3
㋔1

**2** ㋐9　㋑11　㋒5　㋓1
㋔3　㋕35

## ㊽ 表とグラフ ② 48ページ

**1** ❶るかさん…6 さつ
ゆみさん…4 さつ
れいさん…9 さつ
❷れいさん
❸ 19 さつ

**考え方** ❸ 6+4+9=19(さつ)

## ㊾ 表とグラフ ③ 49ページ

**1**

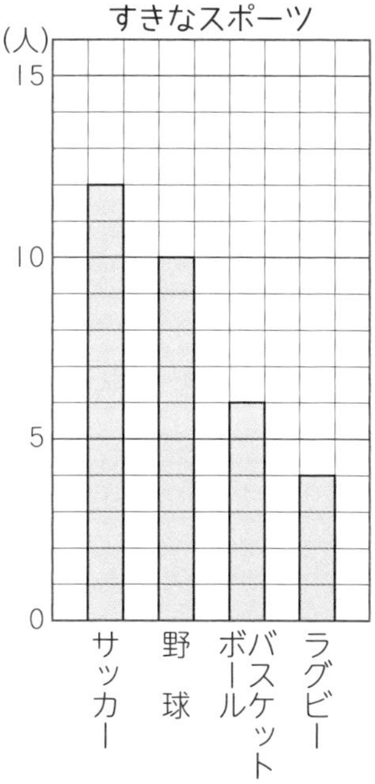


## ㊿ 表とグラフ ④ 50ページ

**1** ❶，❷

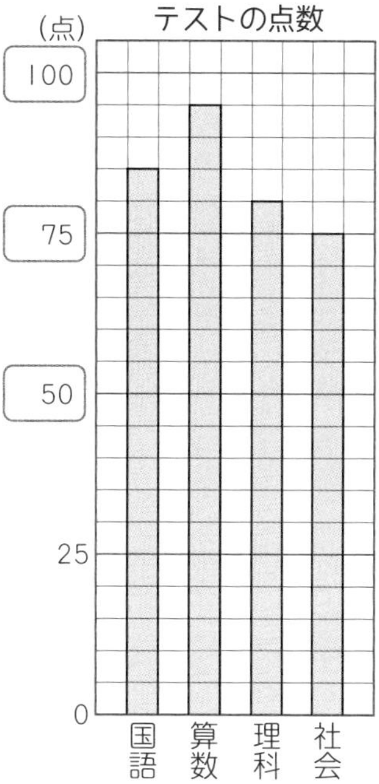


**考え方** グラフの 1 目もりは 5 点を表しています。

## (51) まとめテスト ⑪ 51ページ

**1** (式)□−380=520
□=520+380=900
900円

**2** ❶(式)60−12=48
48こ
❷(式)6×□=48
□=48÷6=8
8つ

## (52) まとめテスト ⑫ 52ページ

**1** ❶㋐13 ㋑3 ㋒4 ㋓2
㋔15

❷ けがをした場所(1組, 2組)

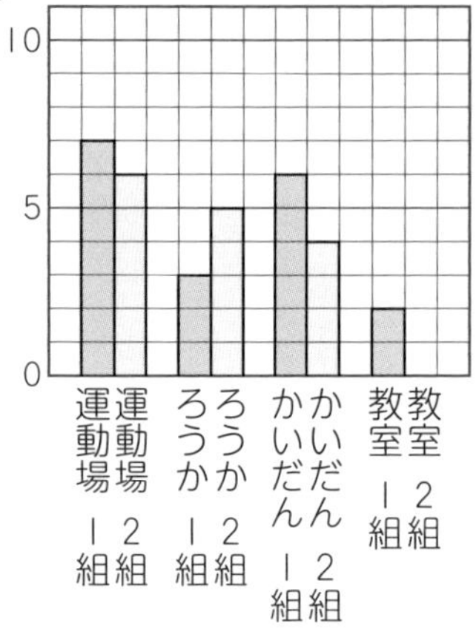


## (53) 小 数 ① 53ページ

**1** ❶ 1…3こ, 0.1…7こ
❷ 37こ

**2** ㋐0.7 ㋑1.4 ㋒2.1

**3**

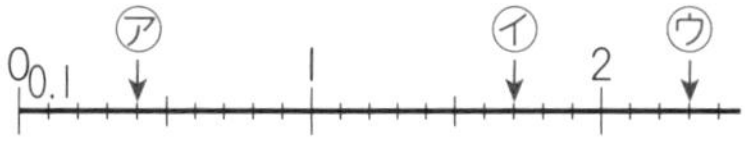


## (54) 小 数 ② 54ページ

**1** ❶0.4 ❷0.3 ❸4.2
❹0.9 ❺0.6

**2** ❶< ❷> ❸= ❹<

**3** 0, 0.8, $\frac{10}{10}$, 1.1

## (55) 小数のたし算・ひき算 ① 55ページ

**1** ❶(式)0.9+0.4=1.3 1.3L
❷(式)0.9−0.4=0.5 0.5L

**2** (式)0.8+1.2=2 2kg

**3** (式)5.2−3.8=1.4 1.4m

## (56) 小数のたし算・ひき算 ② 56ページ

**1** (式)6−4.7=1.3 1.3km

**2** ❶(式)4.3+0.7=5 5kg
❷(式)5−3.8=1.2 1.2kg

**3** (式)3−1.6=1.4 1.4cm

≫考え方 cmのたんいで考えます。
16mm=1.6cm

## (57) 分 数 ① 57ページ

**1** ❶$\frac{1}{6}$m ❷$\frac{3}{6}$m

**2** ㋐$\frac{1}{7}$ ㋑$\frac{4}{7}$ ㋒$\frac{6}{7}$

**3** ❶

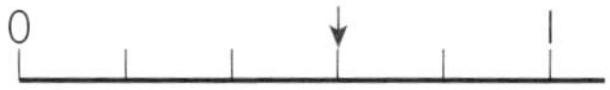


❷

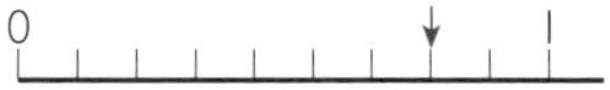


## (58) 分 数 ② 58ページ

**1** ❶3こ分 ❷6こ分 ❸9こ分

**2** ❶< ❷< ❸=

**3** ❶$\frac{2}{8}$, $\frac{4}{8}$, $\frac{5}{8}$ ❷$\frac{3}{6}$, $\frac{5}{6}$, 1

## (59) 分数のたし算・ひき算 ① 59ページ

**1** ❶(式)$\frac{2}{7}+\frac{4}{7}=\frac{6}{7}$ $\frac{6}{7}$L
❷(式)$\frac{4}{7}-\frac{2}{7}=\frac{2}{7}$ $\frac{2}{7}$L

**2** (式)$\frac{1}{6}+\frac{5}{6}=\frac{6}{6}=1$ 1kg

**3** (式)$\frac{7}{8}-\frac{3}{8}=\frac{4}{8}$ $\frac{4}{8}$m

## ㉖ 分数のたし算・ひき算 ② 60ページ

**1** (式)$1-\dfrac{3}{7}=\dfrac{4}{7}$, $\dfrac{4}{7}-\dfrac{2}{7}=\dfrac{2}{7}$

$\dfrac{2}{7}$ L

**≫考え方** きのうと今日の飲んだ分は，

$\dfrac{3}{7}+\dfrac{2}{7}=\dfrac{5}{7}$（L）

これを 1L からひいて，$1-\dfrac{5}{7}=\dfrac{2}{7}$（L）と
してもかまいません。

**2** ❶(式)$\dfrac{2}{8}+\dfrac{1}{8}=\dfrac{3}{8}$　　　　$\dfrac{3}{8}$

❷(式)$1-\dfrac{3}{8}=\dfrac{5}{8}$, $\dfrac{5}{8}-\dfrac{2}{8}=\dfrac{3}{8}$

$\dfrac{3}{8}$

## ㉛ まとめテスト ⑬ 61ページ

**1** ❶0.7　❷3.8

**2** (式)4dL＝0.4L　1−0.4＝0.6
0.6−0.3＝0.3　　　　　　　0.3L

**3** (式)0.8+2.5=3.3
3.3−2.7＝0.6　　　　　　　0.6kg

## ㉜ まとめテスト ⑭ 62ページ

**1** ❶$\dfrac{6}{7}$, $\dfrac{5}{7}$, $\dfrac{2}{7}$　❷1, $\dfrac{5}{8}$, $\dfrac{3}{8}$

**2** ❶(式)$\dfrac{5}{6}-\dfrac{4}{6}=\dfrac{1}{6}$　　　　$\dfrac{1}{6}$ m

❷(式)$\dfrac{5}{6}-\dfrac{2}{6}=\dfrac{3}{6}$　　　　$\dfrac{3}{6}$ m

## ㉝ 図を使って考える問題 ① 63ページ

**1** 18m

**≫考え方** 間の数は 6 つなので，
3×6＝18(m)

## 2 96m

**≫考え方** 間の数は，25−1＝24(こ) な
ので，4×24＝96(m)

**3** 7人

**≫考え方** ○○●○○○○○○○●○○

みさきさんを●，しずくさんを●で表すこ
とにすると，上の図のようになります。み
さきさんは前から 3 番目，しずくさんは
前から 11 番目になるので，
11−3−1＝7(人) になります。間にいる
人の数は（じゅん番の差−1）でもとめる
ことができます。

## ㉞ 図を使って考える問題 ② 64ページ

**1** 72m

**≫考え方** 図より，間の数は 12 こなので，
6×12＝72(m)
まるい形をしているときは，間の数は木の
本数と同じになります。

**2** 50人

**≫考え方** 間の数は，100÷2＝50(こ) に
なります。まるい形をしているときは，間
の数と立っている人の数は同じになるの
で，答えは 50 人です。

**3** 8m ごと

**≫考え方** 木と木の間かくは，
80÷10＝8(m)

## ㉟ 図を使って考える問題 ③ 65ページ

**1** 170cm

**≫考え方** 図より，100cm の 2 本分から重
なっている部分の 30cm をひけばよいので，
100+100−30＝200−30＝170(cm)

**2** 20cm

**≫考え方** 図より，50cm の 2 本分から，つ
なぎめの分をひくと全体の長さになるので，
50+50−80＝20(cm)

答え

79

## ⑥⑥ 図を使って考える問題 ④　66ページ

**1**　250cm

**>>考え方** 90cm が 3 本で,90×3=270(cm)
つなぎめの 10cm が 2 つあるので, その
分の 20cm をひいて,
270−20=250(cm)

**2**　❶4 こ　❷10cm

**>>考え方** ❷80cm が 5 本で,
80×5=400(cm)
全体を 360cm にするので, つなぎめ 4
こ分の長さは, 400−360=40(cm)
つなぎめ 1 この長さは,
40÷4=10(cm)

## ⑥⑦ いろいろな問題 ①　67ページ

**1**　❶(式)60×5=300
　　　　90×5=450
　　　　300+450=750　　750 円
　　❷(式)60+90=150
　　　　150×5=750　　750 円

**2**　440 円

**>>考え方** ジュースと牛にゅう 1 本ずつを
組にして計算すると,
(50+60)×4=110×4=440(円)

## ⑥⑧ いろいろな問題 ②　68ページ

**1**　210 円

**>>考え方** ゼリー 1 この代金は,
90÷3=30(円)
ゼリー 7 こ分の代金は,
30×7=210(円)

**2**　36 円

**>>考え方** 1 ふくろの金がくは,
18×4=72(円)
1 人分の金がくは, 72÷2=36(円)

**3**　505 円

**>>考え方** チョコレート 1 こは,
99÷3=33(円)
なので, おつりは,
1000−33×15=1000−495
=505(円)

## ⑥⑨ まとめテスト ⑮　69ページ

**1**　35m

**>>考え方** 3 本目から 8 本目までの間の数
は, 8−3=5(こ)
なので, 歩いた道のりは,
7×5=35(m)

**2**　15cm

**>>考え方** 60×2=120(cm)
120−105=15(cm)

**3**　945g

**>>考え方** じゃがいもとピーマン 1 こずつ
を組にして計算します。
(100+35)×7=135×7=945(g)

## ⑦⓪ まとめテスト ⑯　70ページ

**1**　420m

**>>考え方** まるい形の 1 しゅう分なので,
14 本の電とうの間の数は 14 こ。
サッカー場 1 しゅうの道のりは,
30×14=420(m)

**2**　330cm

**>>考え方** つなぎめは 4 こあるので, 全体
の長さは,
70×5−5×4=350−20=330(cm)

**3**　528 円

**>>考え方** えん筆 1 本のねだんは,
660÷10=66(円)
なので, えん筆 8 本のねだんは,
66×8=528(円)